# RAPPORT

SUR LES

# CHAMPS DE DÉMONSTRATION

BLÉ — AVOINE

PAR

A. HOUZEAU

Directeur de la Station agronomique de la Seine-Inférieure

---

**(4e ANNÉE)**

ROUEN

Imprimerie Emile DESHAYS et Ce

58, rue des Carmes, 58

1890

## MEMBRES DE LA COMMISSION DES CHAMPS DE DÉMONSTRATION

MM. le Préfet ;

Bret, secrétaire général ;

Lesouef, député ;

Houzeau, directeur de la station agronomique, correspondant de l'Institut ;

Fortier, présideut du Comice agricole de l'arrondissement de Rouen ;

Burel, vice-président de la Société d'encouragement à l'agriculture de l'arrondissement du Havre ;

Saint-Requier, membre de la Chambre consultative d'agriculture de l'arrondissement d'Yvetot ;

Rasset, président du Comice agricole de l'arrondissement de Neufchâtel ;

Lacointe, président de la Société d'Agriculture de l'arrondissement de Dieppe ;

Dr Blanche, professeur départemental d'agriculture ;

Philippe, professeur départemental d'agriculture ;

Gautier, professeur départemental d'agriculture ;

Bornot, membre de la Société nationale d'encouragement à l'agriculture, propriétaire à Valmont ;

Breton, vice-président de la Société d'Agriculture de l'arrondissement de Dieppe ;

Grille, agriculteur, membre de la Société centrale d'agriculture ;

Mulot, propriétaire à Puys ;

Bailhache, cultivateur à Foucart ;

Bazangeon, directeur de l'Ecole pratique d'agriculture d'Aumale ;

Geulin, cultivateur à Tourville-Fécamp ;

Prunier, cultivateur à Duclair ;

Lefebvre, propriétaire à Bosseville-Bonsecours ;

Suplice, à Martigny ;

Bordeaux, chef de division, secrétaire.

# RAPPORT

SUR

# LES CHAMPS DE DÉMONSTRATION

BLÉ ET AVOINE

---

Monsieur le Préfet,

J'ai l'honneur de vous faire connaître les résultats pratiques obtenus sur les champs de démonstration de la Seine-Inférieure, pendant l'année 1888-1889.

Ils ont trait à la culture du blé.

Cependant, le zèle et le dévouement de MM. les Professeurs départementaux ont donné à ces champs une plus grande extension; quelques-uns comprennent aussi la culture de l'avoine.

Enfin, des cultures sur de plus petites surfaces, ont été également entreprises, en vue d'éclairer pour les années suivantes, l'application des engrais complémentaires, à l'augmentation des récoltes; de sorte qu'en réalité, mon rapport de cette année comprend plusieurs parties :

1° Les résultats de la culture du blé:

2° Les résultats de la culture de l'avoine;

3° Les résultats des champs d'essai ;

4° Les résultats des essais de culture avec des variétés différentes de semence et le même engrais ;

5° Les résultats des champs auxiliaires de démonstration.

# I

## Résultats de la culture du Blé.

Cette année, les résultats ne confirment pas ceux des années antérieures. Les champs de démonstration, à l'exception de celui de Graimbouville, sont en déficit sur les champs témoins.

La principale cause en est due à la *maladie du pied*, dont les blés ont été atteints et qui en a accentué la *verse*. Cette verse a été preque générale dans notre région, par suite des influences météorologiques assez exceptionnelles. Cependant, je dois dire que les récoltes obtenues sur les petites terres ont bien mieux résisté à la verse que celles produites par les bonnes terres. On attribue généralement le phénomène de la verse à l'influence d'un excès d'azote dans le sol arable (azote initial de la terre, ou azote apporté par les engrais), lorsque, en outre, les conditions atmosphériques la favorise. Quoiqu'il en soit, la verse est un accident qui doit entrer dans les risques auxquels le cultivateur est exposé. Si le dicton des campagnes est vrai : « Blé versé n'a jamais ruiné le fermier, » nos résultats montrent qu'il ne l'a certainement jamais enrichi.

L'emploi des engrais chimiques n'a pas davantage provoqué cette verse, pas plus que la *maladie du pied*, puisque l'une et l'autre se sont manifestées aussi bien sur les champs sans engrais que sur les champs de démons-

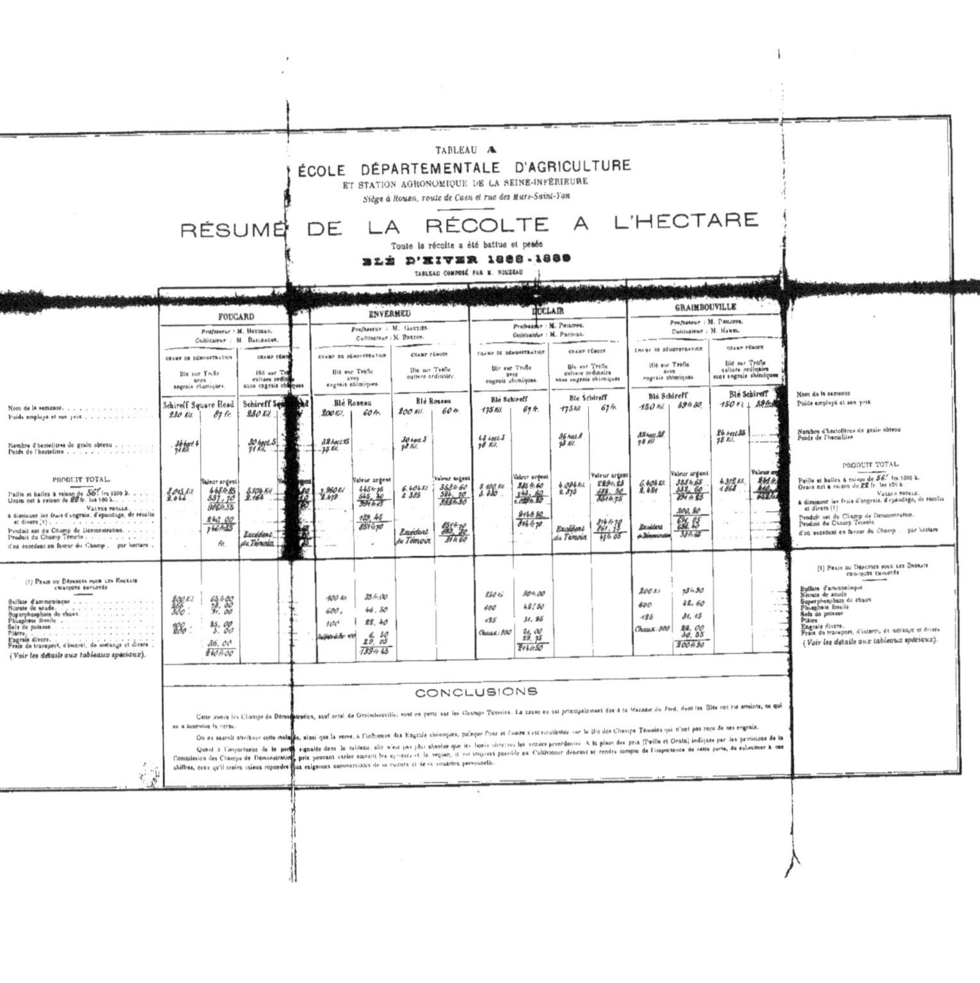

TABLEAU A

# ÉCOLE DÉPARTEMENTALE D'AGRICULTURE

ET STATION AGRONOMIQUE DE LA SEINE-INFÉRIEURE

*Siège à Rouen, route de Caen et rue des Murs-Saint-Yon*

## RÉSUMÉ DE LA RÉCOLTE A L'HECTARE

Toute la récolte a été battue et pesée

**BLÉ D'HIVER 1888-1889**

TABLEAU COMPOSÉ PAR M. HOUZEAU

| | FOUCARD | | | | ENVERMEU | | | | DUCLAIR | | | | GRAIMBOUVILLE | | | |
|---|---|---|---|---|---|---|---|---|---|---|---|---|---|---|---|---|
| | Professeur : M. Houzeau. Cultivateur : M. Baillache. | | | | Professeur : M. Gautier. Cultivateur : M. Breton. | | | | Professeur : M. Philippe. Cultivateur : M. Pannier. | | | | Professeur : M. Philippe. Cultivateur : M. Hamel. | | | |
| | CHAMP DE DÉMONSTRATION | | CHAMP TÉMOIN | | CHAMP DE DÉMONSTRATION | | CHAMP TÉMOIN | | CHAMP DE DÉMONSTRATION | | CHAMP TÉMOIN | | CHAMP DE DÉMONSTRATION | | CHAMP TÉMOIN | |
| | Blé sur Trèfle avec engrais chimiques. | | Blé sur Trèfle culture ordinaire sans engrais chimiques | | Blé sur Trèfle avec engrais chimiques. | | Blé sur Trèfle culture ordinaire | | Blé sur Trèfle avec engrais chimiques. | | Blé sur Trèfle culture ordinaire sans engrais chimiques | | Blé sur Trèfle avec engrais chimiques. | | Blé sur Trèfle culture ordinaire sans engrais chimiques | |
| Nom de la semence | Schireff Square Head | | Schireff Sq[illegible]ad | | Blé Roseau | | Blé Roseau | | Blé Schireff | | Blé Schireff | | Blé Schireff | | Blé Schireff | |
| Poids employé et son prix | 230 Kil. | 87 fr. | 230 Kil. | [illegible] | 200 Kil. | 60 fr. | 200 Kil. | 60 fr. | 175 Kil. | 67 fr. | 175 Kil. | 67 fr. | 150 Kil. | 59 fr. 30 | 150 K. | 59 fr. [illegible] |
| Nombre d'hectolitres de grain obtenu | 34 hect. 4 | | 30 hect. 5 | | 32 hect. 15 | | 30 hect. 5 | | 43 hect. 3 | | 36 hect. 8 | | 33 hect. 28 | | 24 hect. 55 | |
| Poids de l'hectolitre | 71 Kil. | | 71 Kil. | | 77 Kil. | | 78 Kil. | | 78 Kil. | | 78 Kil. | | 75 Kil. | | 75 Kil. | |
| PRODUIT TOTAL. | | Valeur argent | | Valeur argent | | Valeur argent | | Valeur argent | | Valeur argent | | Valeur argent | | Valeur argent | | Valeur argent |
| Paille et balles à raison de 56 f. les 1000 k. | 8.015 Kil. | 448 fr. 85 | 5.104 Kil. | [illegible] | 3.960 Kil. | 445 fr. 15 | 6.404 Kil. | 358 fr. 60 | 5.100 Kil. | 285 fr. 60 | 4.094 Kil. | 229 fr. 25 | 6.404 Kil. | 358 fr. 65 | 4.312 Kil. | 241 fr. [illegible] |
| Grain net à raison de 22 fr. les 100 k. | 2.444 | 537, 70 | 2.164 | [illegible] | 2.479 | 545, 30 | 2.385 | 524, 70 | 3.380 | 743, 60 | 2.875 | 632, 50 | 2.421 | 532, 60 | 1.868 | 410, [illegible] |
| Valeur totale | | 986 fr. 55 | | [illegible] | | 99[illegible] fr. 45 | | 883 fr. 30 | | 1.029 fr. 20 | | 861 fr. 75 | | 891 fr. 25 | | 652 fr. [illegible] |
| à diminuer les frais d'engrais, d'épandage, de récolte et divers (1) | | 240, 00 | | | | 139, 45 | | | | 214 fr. 50 | | | | 200, 20 | | |
| Produit net du Champ de Démonstration | | 746 fr. 55 | | [illegible] | | 851 fr. 70 | | 851 fr. 70 | | 814 fr. 70 | | 814 fr. 70 | | 691, 05 | | |
| Produit du Champ Témoin | | | Excédent du Témoin | [illegible] | | | Excédent du Témoin | 883, 30 | | | Excédent du Témoin | 861, 75 | Excédent de Démonstration | 652, 40 | | |
| d'où excédent en faveur du Champ ... par hectare | | fr. | | [illegible] | | | | 31 fr. 60 | | | | 47 fr. 05 | | 38 fr. 65 | | |

| (1) Frais ou Dépenses pour les Engrais chimiques employés | FOUCARD Démonstration | | ENVERMEU Démonstration | | DUCLAIR Démonstration | | GRAIMBOUVILLE Démonstration | |
|---|---|---|---|---|---|---|---|---|
| Sulfate d'ammoniaque | 200 Kil. | 65 fr. 00 | 400 Kil. | 35 fr. 00 | 250 Kil. | 90 fr. 00 | 200 Kil. | 73 fr. 30 |
| Nitrate de soude | 256 | 78, 00 | 600 | 46, 50 | 600 | 42, 50 | 600 | 42, 60 |
| Superphosphate de chaux | 300 | 31, 00 | 100 | 22, 40 | 125 | 31, 25 | 125 | 31, 15 |
| Phosphate fossile | | | | | | | | |
| Sels de potasse | 100 | 25, 00 | | | | | | |
| Plâtre | 200 | 5, 00 | | | | | | |
| Engrais divers | | | Sulfate de fer 400 | 6, 50 | Chaux : 800 | 21, 00 | Chaux : 800 | 22, 00 |
| Frais de transport, d'intérêt, de mélange et divers | | 36, 00 | | 29, 05 | | 29, 75 | | 30, 55 |
| Total | | 240 fr. 00 | | 139 fr. 45 | | 214 fr. 50 | | 200 fr. 20 |

(*Voir les détails aux tableaux spéciaux*).

Nom de la semence
Poids employé et son prix
Nombre d'hectolitres de grain obtenu
Poids de l'hectolitre
PRODUIT TOTAL.
Paille et balles à raison de 56 f. les 1000 k.
Grain net à raison de 22 fr. les 100 k.
Valeur totale.
à diminuer les frais d'engrais, d'épandage, de récolte et divers (1)
Produit net du Champ de Démonstration.
Produit du Champ Témoin
d'où excédent en faveur du Champ ... par hectare
(1) Frais ou Dépenses pour les Engrais chimiques employés
Sulfate d'ammoniaque
Nitrate de soude
Superphosphate de chaux
Phosphate fossile
Sels de potasse
Plâtre
Engrais divers.
Frais de transport, d'intérêt, de mélange et divers
(*Voir les détails aux tableaux spéciaux*).

## CONCLUSIONS

Cette année les Champs de Démonstration, sauf celui de Graimbouville, sont en perte sur les Champs Témoins. La cause en est principalement due à la *Maladie du Pied*, dont les Blés ont été atteints, ce qui en a accentué la verse.

On ne saurait attribuer cette maladie, ainsi que la verse, à l'influence des Engrais chimiques, puisque l'une et l'autre s'est manifestée sur le Blé des Champs Témoins qui n'ont pas reçu de ces engrais.

Quant à l'importance de la perte signalée dans le tableau, elle n'est pas plus absolue que les bonis obtenus les années précédentes. A la place des prix (Paille et Grain) indiqués par les praticiens de la Commission des Champs de Démonstration, prix pouvant varier suivant les époques et la région, il est toujours possible au Cultivateur désirant se rendre compte de l'importance de cette perte, de substituer à ces chiffres, ceux qu'il croira mieux répondre aux exigences commerciales de sa culture et de sa situation personnelle.

tration. Seulement, ils paraissent l'avoir avancée de quelques jours; ce qui s'explique par le prodigieux développement que ces engrais avaient donné à la récolte, au point, qu'au mois de juillet, les champs de démonstration, par leur aspect, faisaient espérer une riche moisson. L'ampleur des épis a fait pencher la récolte.

Quoiqu'il en soit, voici, traduits en argent, et par hectare, les pertes ou le gain pour chaque champ de démonstration :

1. Foucart .......... Perte..... 15 fr.
2. Envermeu........ Perte..... 32
3. Duclair........... Perte..... 47
4. Graimbouville..... Gain..... 38

Les tableaux 1, 2, 3, 4, placés à la fin du Rapport, contiennent tous les détails des opérations, tandis que le tableau colorié A, ci-dessous, les résume.

Dans ces tableaux, ne se trouvent pas compris les résultats du champ de démonstration de Tourville-sur-Fécamp. Ce champ a été dévasté par les vers, à un point tel qu'il a fallu, au printemps, combler les vides par de nouvelles semences de blé de printemps.

Quant à la base qui a servi aux calculs des rendements en argent, des champs témoins et de démonstration, on s'est conformé à une décision antérieure de la Commission des champs de démonstration. Chaque collaborateur praticien a envoyé séparément à la station, aussitôt la récolte terminée, son opinion sur le prix du quintal de grain et des 1,000 kilog. de paille. C'est la moyenne de ces chiffres qui a servi à calculer la valeur financière des rendements. Voici, d'ailleurs, les détails :

| CULTIVATEURS | BLÉ | | AVOINE | |
|---|---|---|---|---|
| | GRAIN prix des 100 kil. | PAILLE prix des 1000 kil. | GRAIN prix des 100 kil. | PAILLE prix des 1000 kil. |
| MM. Bailhache | 22 fr. » | 50 fr. » | 17 fr. » | 40 fr » |
| Geulin | 24 » | 70 » | 18 » | 45 » |
| Prunier | 22 » | 60 » | 20 » | 40 » |
| Lefebvre | 21 50 | 60 » | 17 50 | 54 » |
| Lane | 22 » | 50 » | 17 » | 30 » |
| Canu | 21 50 | 60 » | 14 » | 45 » |
| Rasset | 22 » | 60 » | 20 » | 40 » |
| Breton | 20 50 | 39 » | 14 » | 27 » |
| Moyenne des prix | 22 » | 56 » | 17 » | 40 » |

C'est ainsi que nous avons apprécié en nombres ronds, pour le blé, le prix du grain à 22 fr. le quintal, et le prix de la paille, à 36 fr. les 1,000 kil. Ces chiffres n'ont d'ailleurs rien d'absolu. Le cultivateur pourra les modifier suivant son appréciation personnelle. Nous ne les donnons que pour fixer un instant l'attention (1).

## II

## Résultats de la culture de l'avoine.

Cette culture comprend en tout 8 champs dont la récolte a été pesée : 4 champs témoins et 4 champs de démonstration.

Les détails sont consignés dans les tableaux annexés à la fin de ce rapport (tableaux 5, 6, 7, 8.)

Voici le résumé de la partie économique des opérations :

| | Boni du champ de démonstration par hectare. |
|---|---|
| MONTÉROLLIER ........................ MM. Rasset et Blanche. | 68 fr. 50 |
| QUEVILLY ........................ MM. Lefebvre et Houzeau. | 16 50 |
| | **Perte du champ de démonstration par hectare.** |
| DUCLAIR ........................ MM. Prunier et Philippe | 87 fr. 05 |
| GRAIMBOUVILLE ........................ MM. Hamel et Philippe. | 39 55 |

(1) A la réunion tardive (24 janvier 1890), de la Commission des champs de démonstration, alors que tous les tableaux étaient calculés d'après les prix indiqués ci-dessus sur l'observation d'un membre, il a été admis qu'à cette époque, 24 janvier, le prix de la paille de blé et d'avoine n'était plus, d'après le cours du jour, que de 40 fr. et 30 fr. les 1.000 kil.

III

## Résultats des champs d'essai.

Il était intéressant de rechercher jusqu'à quel point les résultats fournis en quelques jours par l'analyse chimique du sol pouvaient renseigner le praticien sur le degré de fertilité de sa terre, alors que pour apprécier cette fertilité par la voie culturale, il lui fallait six mois ou un an, et parfois plus encore, si les saisons n'étaient pas propices. Nous avions inféré d'après la composition de la terre de Foucart, inscrite au tableau 1, qu'elle appartenait à la catégorie des terres fertiles, et que pour y viser une récolte déterminée, il n'y avait qu'à lui apporter les engrais à la simple dose de restitution.

M. Bailhache s'est prêté, comme l'année dernière, à l'application de ces principes.

On a fait l'analyse du sol par la culture. Seulement, cette année, elle a eu lieu en une seule fois avec deux céréales (avoine et blé) ensemencées sur deux soles qui avaient fourni déjà l'année précédente de l'avoine et du blé, c'est-à-dire qu'on a fait porter à dessein l'essai cultural sur deux soles appauvries par une culture similaire.

Un certain nombre de parcelles d'un are chacune ont été disposées sur une sole aussi homogène que possible. L'une d'elles n'a reçu aucun engrais et sa récolte a donné le degré de fertilité initiale de la terre. Les autres parcelles ont reçu un engrais incomplet, dans lequel il manquait un des éléments que la terre devait fournir, sauf la parcelle 1, dont l'engrais était complet.

Dès le mois de juin, les parcelles aux engrais azotés se distinguaient des autres par la couleur vert foncé de la récolte.

Les résultats sont consignés dans les tableaux B et C.

Tableau B

# 1889. — CHAMPS D'ESSAI. — FOUCART

Cultivateur : M. Bailhache. — Professeur : M. Houzeau

**Analyse du sol par la culture**

## AVOINE NOIRE DE TARTARIE SUR AVOINE

*Semence employée par are : 2 kil. 70*

| NUMÉROS des CHAMPS | NATURE ET DOSES des Engrais par are | RÉCOLTE PAR ARE | NATURE ET DOSES des Engrais rapportées à l'hectare | RÉCOLTE RAPPORTÉE A L'HECTARE |
|---|---|---|---|---|
| 1. | Engrais complet :<br>Nitrate de soude...... 4 k. »<br>Superphosphate...... 3 »<br>Chlorure de potassium. 1 5<br>Plâtre.............. 1 5 | Grain.............. 32 k. 3<br>Paille.............. 63 9<br>Balles.............. 6 1<br>Avoine un peu versée. | Engrais complet :<br>Nitrate de soude..... 400 k.<br>Superphosphate...... 300<br>Chlorure de potassium. 150<br>Plâtre.............. 150 | Grain.......... 3.230 k.<br>Paille.......... 6.390<br>Balles.......... 610 |
| 2. | Sans Azote :<br>Superphosphate...... 3 k. »<br>Chlorure de potassium. 1 5<br>Plâtre.............. 1 5 | Grain.............. 20 k. 5<br>Paille.............. 34 7<br>Balles.............. 4 1<br>Avoine non versée. | Sans Azote :<br>Superphosphate...... 300 k.<br>Chlorure de potassium. 150<br>Plâtre.............. 150 | Grain.......... 2.050 k.<br>Paille.......... 3.470<br>Balles.......... 410 |
| 3. | Sans Acide Phosphorique :<br>Nitrate de soude..... 4 k. »<br>Chlorure de potassium. 1 5<br>Plâtre.............. 1 5 | Grain.............. 34 k. 6<br>Paille.............. 60 »<br>Balles.............. 5 4<br>Avoine un peu versée. | Sans Acide Phosphorique :<br>Nitrate de soude..... 400 k.<br>Chlorure de potassium. 150<br>Plâtre.............. 150 | Grain.......... 3.460 k.<br>Paille.......... 6.000<br>Balles.......... 540 |
| 4. | Sans Potasse :<br>Nitrate de soude..... 4 k. »<br>Superphosphate...... 3 »<br>Plâtre.............. 1 5 | Grain.............. 28 k. 6<br>Paille.............. 53 »<br>Balles.............. 7 5<br>Avoine un peu versée. | Sans Potasse :<br>Nitrate de soude..... 400 k.<br>Superphosphate...... 300<br>Plâtre.............. 150 | Grain.......... 2.860 k.<br>Paille.......... 5.300<br>Balles.......... 750 |
| 5. | Azote seul :<br>Nitrate de soude...... 4 k. » | Grain.............. 33 k. 5<br>Paille.............. 61 9<br>Balles.............. 9 6<br>Avoine un peu versée. | Azote seul :<br>Nitrate de soude..... 400 k. | Grain.......... 3.350 k.<br>Paille.......... 6.190<br>Balles.......... 960 |
| 6. | Sans Engrais | Grain.............. 18 k. 5<br>Paille.............. 27 »<br>Balles.............. 5 7<br>Avoine non versée. | Sans Engrais | Grain.......... 1.850 k.<br>Paille.......... 2.700<br>Balles.......... 570 |

Tableau C

**1888-1889. — CHAMPS D'ESSAI. — Foucart.** — Cultivateur, M. Bailhache ; Professeur, M. Houzeau

Analyse du sol par la culture.

# BLÉ SUR BLÉ

*Semence employée par are : 1 kil. 80*

| Numéros des champs | Nature et doses des Engrais par are | Récolte par are | Nature et doses des Engrais rapportées à l'hectare | Récolte rapportée à l'hectare |
|---|---|---|---|---|
| 1. | Engrais complet :<br>Sulfate d'ammoniaque 2 k. »<br>Nitrate de soude..... 1 33<br>Superphosphate..... 3 »<br>Chlorure de potassium 1 » | Grain .......... 25 k. 30<br>Paille .......... 73 »<br>Balles .......... 7 50<br>Blé très versé. | Engrais complet :<br>Sulfate d'ammoniaque 200 k.<br>Nitrate de soude .... 133<br>Superphosphate ..... 300<br>Chlorure de potassium 100 | Grain .......... 2.530 k.<br>Paille .......... 7.300<br>Balles .......... 730 |
| 2. | Azote seul :<br>Sulfate d'ammoniaque 2 k. »<br>Nitrate de soude .... 1 33 | Grain .......... 24 k. 10<br>Paille .......... 68 70<br>Balles .......... 7 20<br>Blé très versé. | Azote seul :<br>Sulfate d'ammoniaque 200 k.<br>Nitrate de soude .... 133 | Grain .......... 2.410 k.<br>Paille .......... 6.870<br>Balles .......... 720 |
| 3. | Acide phosphorique seul :<br>Superphosphate ..... 3 k. » | Grain .......... 15 k. 60<br>Paille .......... 34 40<br>Balles .......... 2 80<br>Blé non versé. | Acide phosphorique seul :<br>Superphosphate ..... 300 k. | Grain .......... 1.560 k.<br>Paille .......... 3.440<br>Balles .......... 280 |
| 4. | Potasse seule :<br>Chlorure de potassium.. 1 k. | Grain .......... 17 k. 90<br>Paille .......... 41 50<br>Balles .......... 3 »<br>Blé non versé. | Potasse seule :<br>Chlorure de potassium 100 k. | Grain .......... 1.790 k.<br>Paille .......... 4.150<br>Balles .......... 300 |
| 5. | Sans azote :<br>Superphosphate....... 3 k.<br>Chlorure de potassium. 1 | Grain .......... 19 k. 70<br>Paille .......... 40 »<br>Balles .......... 3 30<br>Blé non versé. | Sans azote :<br>Superphosphate ..... 300 k.<br>Chlorure de potassium 100 | Grain .......... 1.970 k.<br>Paille .......... 4.000<br>Balles .......... 330 |
| 6. | Sans acide phosphorique :<br>Sulfate d'ammoniaque 2 k. »<br>Nitrate de soude .... 1 33<br>Chlorure de potassium 1 » | Grain .......... 24 k. 9<br>Paille .......... 57 »<br>Balles .......... 4 1<br>Blé versé. | Sans acide phosphorique :<br>Sulfate d'ammoniaque 200 k.<br>Nitrate de soude .... 133<br>Chlorure de potassium 100 | Grain .......... 2.490 k.<br>Paille .......... 5.700<br>Balles .......... 410 |
| 7. | Sans potasse :<br>Sulfate d'ammon.... 2 k. »<br>Nitrate de soude ... 1 33<br>Superphosphate .... 3 » | Grain .......... 23 k. 20<br>Paille .......... 60 30<br>Balles .......... 4 30<br>Blé versé. | Sans potasse :<br>Sulfate d'ammoniaque 200 k.<br>Nitrate de soude .... 133<br>Superphosphate..... 300 | Grain .......... 2.320 k.<br>Paille .......... 6.030<br>Balles .......... 450 |
| 8. | Sans engrais. | Grain .......... 17 k. »<br>Paille .......... 34 6<br>Balles .......... 3 4<br>Blé non versé. | Sans engrais. | Grain .......... 1.700 k.<br>Paille .......... 3.460<br>Balles .......... 340 |

Il ressort nettement des données de ces tableaux que les prévisions tirées de l'analyse se sont encore réalisées.

Le point culminant de ces essais, c'est la conclusion qu'on en déduit relativement au rôle considérable que joue dans la fertilité du sol l'apport de la matière azotée. Là où elle manque, alors que les autres principes existent, le rendement tend à se confondre avec celui de la parcelle sans engrais, tandis qu'au contraire un apport d'azote élève de suite, dans d'importantes proportions, la production du grain et de la paille, c'est-à-dire que l'azote amène une assimilation contingente de potasse et d'acide phosphorique qui, sans lui, seraient demeurés improductifs pour la présente récolte.

L'habileté de l'agronome consiste à trouver pour une terre donnée, et suivant les exigences de la culture, les proportions relatives d'azote, de potasse et d'acide phosphorique nécessaires. Il est prudent, dans tous les cas, de pécher plutôt par l'excès d'acide phosphorique, qui, lui, n'est pas entraîné par les eaux, d'autant plus que les terres de la Seine-Inférieure sont généralement pourvues de potasse.

## IV

### Résultats des essais de culture avec des variétés différentes de semence et le même engrais.

Des essais ont également eu lieu sur le rendement de diverses variétés d'avoine, employées à la même dose, sur la même sole et avec les mêmes engrais.

Les résultats sont consignés dans le tableau D.

Tableau D

1889.— CHAMPS D'ESSAI SUR 1/2 HECTARE.— FOUCART

Cultivateur : M. BAILHACHE. — Professeur : M. HOUZEAU.

## AVOINE SUR AVOINE

### Influence de la variété de semence

QUANTITÉ DE LA SEMENCE EMPLOYÉE PAR HECTARE : 270 K.

### Composition de l'Engrais, employé par hectare, sur 4 Champs d'avoine

Nitrate de soude. . . . . . 533 kil.
Superphosphate . . . . . . 300
Chlorure de potassium . . . 150
Plâtre . . . . . . . . . . 150

| NOMS DES 4 VARIÉTÉS D'AVOINE | RÉCOLTE PAR HECTARE : |
|---|---|
| Avoine noire de Tartarie sur 1/2 hectare. | Grain... 2.672 k. = 60 h. de 44 k. 5 chaque<br>Paille... 5.592<br>Balles .. 292<br>Avoine très peu versée. |
| Avoine noire de Brie sur 1/2 hectare | Grain... 2.552 k. = 56 h. de 45 k. 5 chaque<br>Paille... 5.678<br>Balles .. 298<br>Avoine complètement versée. |
| Avoine jaune de Flandre sur 1/2 hectare | Grain... 2.538 k. = 57 h. de 44 k. 5 chaque<br>Paille... 5.314<br>Balles .. 280<br>Avoine un peu versée. |
| Avoine blanche de Pays sur 1/2 hectare | Grain... 2.590 k. = 56 h. 3 de 46 k. chaque<br>Paille.. 5.068<br>Balles .. 290<br>Avoine un peu versée. |

M. Geulin, de son côté, s'est livré à des essais analogues sur diverses variétés de blé et le même engrais.

Voici ses résultats, rapportés à un hectare, et qu'il me demande d'enregistrer :

| | RÉCOLTE 1888 | | RÉCOLTE 1889 | |
|---|---|---|---|---|
| | PAILLE | GRAIN | PAILLE | GRAIN |
| Blé Hunter blanc | 4.666 k. | 1.968 k. | 5.121 k. | 2.372 k. |
| — Golden-drop | 4.552 | 2.178 | 5.920 | 3.164 |
| — Dattel | 4.966 | 2.262 | 7.282 | 3.176 |
| — Nursery | 4.670 | 1.966 | 8.240 | 3.392 |
| — Bordeaux | 4.968 | 2.382 | 8.130 | 3.216 |
| — Schireff | 4.665 | 2.278 | 6.308 | 3.028 |
| — Carlier (nouveau type 1889) | | | 6.830 | 2.998 |

V

## Résultats des champs auxiliaires pour la démonstration.

Il était utile de vérifier les résultats obtenus l'année dernière dans un des champs de démonstration et relatifs au bénéfice que pouvait faire le cultivateur, en augmentant dans une assez forte proportion la dose d'engrais chimiques, c'est-à-dire une plus forte avance de capital.

Ainsi, en 1888, avec une avance de 133 fr. par hectare en engrais chimiques et frais supplémentaires, le boni de la récolte d'avoine (paille et grain) n'avait été que de 16 fr., alors qu'il s'était élevé à 155 fr. pour une dépense de 205 fr. de ces mêmes engrais.

Les essais ont été faits en 1889, sur une terre bien inférieure à celle de ce champ de démonstration et avec le concours du Directeur distingué de l'Ecole d'Agriculture pratique d'Aumale, M. Bazangeon.

Comme point de comparaison, un champ témoin qui n'avait pas reçu d'engrais supplémentaires avait été réservé pour nous faire connaître la fertilité de la terre ayant porté le blé et sa fumure. Mais un malentendu ne nous a pas permis d'en tirer parti. Néanmoins, le but principal que nous poursuivions a été atteint.

Le tableau E donne les résultats acquis.

Tableau **E**

1889. — *Ferme Bois-la-Ville, de l'Ecole d'Aumale.* — Cultivateur : M. Bazangeon. — Professseur : M. Houzeau.

## Avoine noire de Brie, avec Trèfle, sur Blé

Chaque parcelle mesure 25 ares. — Epandage de l'Engrais : 26 Mars. — Ensemencement : 2 avril.

*RÉSULTATS RAPPORTÉS A L'HECTARE : — Semence employée : 350 litres.*

| | 1 ENGRAIS COMPLET Dépense totale : 96 fr. 45 | | 2 ENGRAIS INTENSIF Dépense totale : 187 fr. 90 | |
|---|---|---|---|---|
| | POIDS | VALEUR | POIDS | VALEUR |
| Grain, à 17 fr. les 100 kil. . . . . . . . . . . . . | **1.404** k. = 29 h. 6 de 47 k. 5 | 238 f. 70 | **1.585** k. = 33 h., 36 de 47 k. 5 | 269 f. 45 |
| Paille et Balles, à 40 fr. les 1000 kil. . . . . . . . . | 2.328 | 93 10 | 2.360 | 94 40 |
| Valeur totale de la récolte. . . | | **331 80** | | **363 85** |
| Sulfate d'ammon.. à 20,5 % d'azote : 32 fr. 50 les 100 k. | 68 k. | 22 10 | 136 k. | 44 20 |
| Nitrate de soude, à 15,5 % d'azote : 29 fr. 50 les 100 k. | 90 | 26 55 | 180 | 53 10 |
| Superphosphate de chaux, à 16 % acide phosphorique soluble : — 10 fr. 30 les 100 kil . . . . . . . . | 92 | 9 45 | 184 | 18 90 |
| Chlorure de potassium, à 50 % potasse : — 25 fr. les 100 k. | 74 | 18 50 | 148 | 37 » |
| Plâtre : — 2 fr. 75 les 100 kil. . . . . . . . . . . . | 300 | 8 25 | 600 | 16 50 |
| Frais divers ; transport ; épandage ; main-d'œuvre supplémentaire de la récolte ; intérêt, etc., etc. . . . . | | 11 60 | | 18 20 |
| Dépense totale. . . | | **96 45** | | 187 90 |
| Conclusion : | | | | |
| Produit net du Champ (valeur de la récolte, diminuée du prix de l'engrais et des frais). | | 235 35 | | 175 95 |

Il résulte des données de ce tableau, qu'une dépense par hectare de 96 fr. 45 en engrais chimiques a produit 331 fr. 80 de récolte (avoine, grain et paille), alors que l'engrais intensif, avec une dépense de 187 fr. 90, n'a élevé le produit de la récolte qu'à 363 fr. 85.

L'engrais intensif n'a donc pas produit en 1889, sur la ferme de Bois-la-Ville, les bons effets constatés en 1888 sur le champ de démonstration.

En même temps que ces essais avaient lieu à Aumale, je trouvais dans M. Lane, agriculteur expérimenté, à la Neuville-chant-d'Oisel, le concours le plus empressé et le plus impartial, pour répéter les mêmes expériences, sur une terre différente de celle de Bois-la-Ville (1).

Le tableau F contient les résultats obtenus.

---

(1) Voici d'ailleurs la composition de ces terres, rapportée à 1,000 parties en poids (partie fine séchée dans le vide).

| | TERRES | | |
|---|---|---|---|
| | de Bois la Ville | de la Neuville | de Foucart |
| Sable | 875 » | 860 » | 900 » |
| Argile | 119.70 | 129 » | 94 » |
| Carbonate de chaux actif | 2.80 | 6.20 | 3 » |
| Humus | 2.50 | 4 » | 3 » |
| Azote total | 1.30 | 1.20 | 2.25 |
| Azote alcalinisable | » 19 | » 17 | » 28 |
| Acide phosphorique soluble dans l'acide azotique pendant 4 jours, à la température de 95° | » 30 | 1 » | » 93 |
| Potasse soluble dans l'acide azotique pendant 4 jours, à 95° | 2 » | 2 » | 3.80 |

Tableau **F**

1889. — *La Neuville-Chant-d'Oisel.* — Cultivateur : **M. Lane.** — Professeur : **M. Houzeau.**

**Avoine noire de Pays, avec Trèfle, sur Blé de Bordeaux,** fumé en 1887, à raison de 18.000 kil. de fumier par hectare

Chaque parcelle mesure 25 ares. — Epandage de l'Engrais et Ensemencement : 3 avril 1889.

*RÉSULTATS RAPPORTÉS A L'HECTARE.— Semence employée : 175 kil.*

| | 1 CHAMP TÉMOIN, sans Engrais | | 2 ENGRAIS MINÉRAL, sans Azote Dépense totale : 44 fr. 55 | | 3 ENGRAIS COMPLET Dépense totale : 102 fr. 15 | | 4 ENGRAIS INTENSIF Dépense totale : 198 fr. | |
|---|---|---|---|---|---|---|---|---|
| | POIDS | VALEUR | POIDS | VALEUR | POIDS | VALEUR | POIDS | VALEUR |
| Grain, à 17 fr. les 100 k. | **2.275** k. = 48 h. 5 de 47 k. | 386 f. 75 | **2.306** k. = 49 h. de 47 k. | 392 f. 05 | **2.675** k. = 55 h. 3 de 48 k. 5 | 454 f. 75 | **2.784** k. = 59 h. 2 de 47 k. | 473 f. 30 |
| Paille et Balles, à 40 fr. les 100 k. | 3.805 | 152 20 | 3.936 | 157 45 | 5.081 | 203 20 | 6.192 | 247 70 |
| **Valeur totale de la récolte.** | | **538 95** | | **549 50** | | **657 95** | | **721 »** |
| Sulfate d'ammoniaque, à 20,5 % d'azote : — 36 fr. les 100 k. | | | | | 68 k. | 24 50 | 136 k. | 48 95 |
| Nitrate de soude, à 15,5 % d'azote : — 29 fr. les 100 k. | | | | | 90 5 | 26 25 | 181 | 52 50 |
| Superphosphate de chaux, à 16 % acide phosphorique soluble 10 fr. les 100 k. | | | 92 k. 5 | 9 25 | 92 5 | 9 25 | 185 | 18 50 |
| Chlorure de potassium, à 50 % potasse : — 23 fr. 60 les 100 k. | | | 73 5 | 17 35 | 73 5 | 17 35 | 147 | 34 70 |
| Plâtre : 3 fr. les 100 k. | | | 300 » | 9 » | 300 » | 9 » | 600 | 18 » |
| Frais divers ; transport ; main-d'œuvre supplémentaire de la récolte ; intérêt, etc., etc. | | | | 8 95 | | 15 80 | | 25 35 |
| **Dépense totale** | | | | **44 55** | | **102 15** | | **198 »** |
| Conclusion. | | | | | | | | |
| Résultats économiques de la culture : | | | | | | | | |
| Produit net du Champ (valeur de la récolte, diminuée du prix de l'engrais et des frais) | | | | 504 95 | | 555 80 | | 523 » |
| Produit du Champ témoin | | | | 538 95 | | 538 95 | | 538 95 |
| Excédent ou perte | | | | 34 » Perte | | 16 85 Excédent | | 15 95 Perte |
| | L'Avoine n'a pas versé. | | L'Avoine n'a pas versé. | | L'Avoine n'a pas versé. | | L'Avoine a versé. | |

Les essais de la Neuville 1889 confirment ceux de Bois-la-Ville 1889, et sont en désaccord avec les résultats du champ de démonstration 1888. Sans doute, on ne saurait en conclure que l'engrais intensif ne peut pas produire des récoltes rémunératrices, puisque les essais n'ont pas eu lieu la même année, ni sur la même terre, ni avec la même semence. Mais ils doivent déjà mettre en garde les cultivateurs, au point de vue des rendements rémunérateurs. contre l'emploi des engrais chimiques à trop hautes doses. La qualité de la terre est un facteur dont il faut toujours tenir grand compte.

Les avances de capital, en engrais complémentaires, doivent être consacrées de préférence aux meilleures terres du domaine.

En résumé, M. le Préfet, si les champs de démonstration n'ont pas cette année, donné les résultats favorables des années précédentes, par suite de la *maladie du pied* et de la *verse*, dont les blés ont été atteints, les essais culturaux, que l'institution de ces champs a fait naître, parallèlement à la démonstration, ont fourni des données intéressantes, dont la pratique pourra s'inspirer. Bien qu'en agriculture, il ne faille pas se hâter de prendre trop vite des conclusions, car si les années se suivent, elles ne se ressemblent pas; le facteur météorologique intervenant toujours pour une large part dans la production agricole, ces essais culturaux qui seront d'ailleurs répétés dans la campagne prochaine, semblent indiquer que les larges avances faites en engrais chimiques complémentaires sur les bonnes terres,ne sauraient être toujours appliquées économiquement dans la même mesure, aux terres moyennes ou médiocres. La fertilité ne s'improvise pas ; elle est l'œuvre du temps, c'est-à-dire du travail et du savoir. Nous l'avions déjà dit au début de l'entreprise heureuse des champs de démonstration. Il ne s'agit pas d'avoir la prétention de faire passer d'emblée, le rendement d'une terre, de 20 hectolitres à 40 hectolitres. Ayons la sagesse de nous contenter tout d'abord de quelques hectolitres en plus de ce que nous fournit notre mode de culture séculaire. Les pratiques de labours, de hersages, de sarclage, etc., qu'il nous a légués et qui favorisent si puissamment l'utilisation des principes fertilisants confiés au sol, doivent plus que jamais être appliquées avec rigueur. L'engrais n'agit que lorsque la terre est bien préparée. Il ne profite à la récolte que lorsque celle-ci n'est pas encombrée par les mauvaises herbes qui se nourrissent à ses dépens. Cherchons donc à l'utiliser au mieux de nos intérêts.

Il ne faut pas méconnaître que les grands rendements deviennent l'apanage des bonnes terres, du savoir et du capital. Ils sont le plus souvent l'effet des arrières fumures, conséquence elles-mêmes de grandes avances d'argent, employées pour subvenir aux besoins des culture industrielles très rémunératrices, comme l'est par exemple la betterave à sucre.

Au point de vue économique, une différence essentielle existe entre l'agriculture et le commerce, bien que l'une et l'autre concourent pour une large part à la fortune publique. Le cultivateur, avec son capital, ne fait qu'une opération par an, alors que le commerçant en fait plusieurs. Le capital productif, c'est le capital renouvelé, dont les bénéfices partiels se totalisent au bout de l'année.

C'est peut être là un argument sérieux en faveur des droits de compensation que réclament depuis longtemps ceux qui produisent le pain et la viande. Le nombre en est grand. Aussi, peut-on dire avec plus de raison, qu'on ne le répète pour le bâtiment : *quand la culture va, tout va.*

En terminant, je me fais un devoir de vous signaler, Monsieur le Préfet, la coopération active de MM. Rasset, Bailhache, Breton, Bazangeon, Geulin, Hamel, Lane, Lefebvre et Prunier, à l'œuvre des champs de démonstration. Leurs concours nous a été des plus utiles. Au nom des professeurs de l'école départementale, je leur exprime mes remercîments.

Veuillez agréer, Monsieur le Préfet, l'assurance de mon respect.

*Le Directeur de la Station agronomique,*
*membre correspondant de l'Institut,*
A. HOUZEAU.

Rouen, le 26 janvier 1890.

*Post-scriptum.* — Je joins à titre d'annexes pour être consultés à l'occasion, et afin que chaque auteur conserve la responsabilité de son œuvre, les tableaux complets qui contiennent les détails des champs de démonstration de chaque arrondissement, et tels qu'ils ont été remplis par MM. les Professeurs départementaux.

**Tableau 1**

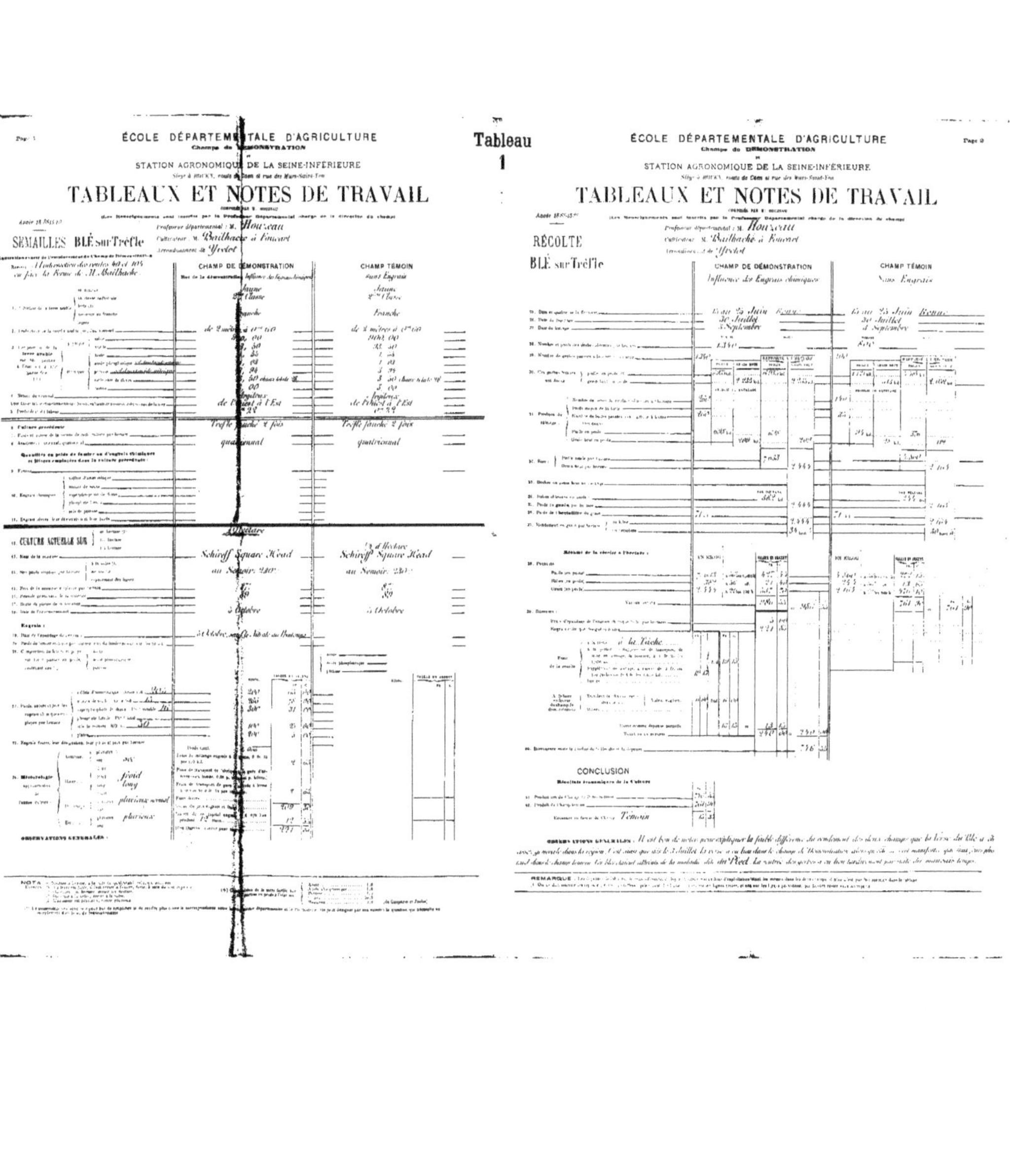

Page 1

ÉCOLE DÉPARTEMENTALE D'AGRICULTURE
Champ de DÉMONSTRATION
et
STATION AGRONOMIQUE DE LA SEINE-INFÉRIEURE

# TABLEAUX ET NOTES DE TRAVAIL

Professeur départemental : M. Houzeau
Cultivateur : M. Bailhache à Fouvart
Arrondissement de Yvetot

SEMAILLES BLÉ sur Trèfle

| | CHAMP DE DÉMONSTRATION | CHAMP TÉMOIN |
|---|---|---|
| | Influence des Engrais chimiques | Sans Engrais |
| | Jaune 2ème Classe | Jaune 2ème Classe |
| | Franche | Franche |
| | de 2 mètres à 0m 60 | de 2 mètres à 0m 60 |
| | | 900, 00 |
| | | 33, 50 |
| | Trèfle fauché 2 fois | Trèfle fauché 2 fois |
| | quatriennal | quatriennal |
| CULTURE ACTUELLE SUR | Schireff Square Head | Schireff Square Head |
| | au Semoir. 240 | au Semoir. 230 |
| | | 3 Octobre |

Page 2

ÉCOLE DÉPARTEMENTALE D'AGRICULTURE
Champ de DÉMONSTRATION
et
STATION AGRONOMIQUE DE LA SEINE-INFÉRIEURE

# TABLEAUX ET NOTES DE TRAVAIL

Professeur départemental : M. Houzeau
Cultivateur : M. Bailhache à Fouvart
Arrondissement de Yvetot

RÉCOLTE

BLÉ sur Trèfle

| | CHAMP DE DÉMONSTRATION | CHAMP TÉMOIN |
|---|---|---|
| | Influence des Engrais chimiques | Sans Engrais |
| | 15 au 25 Juin | 15 au 25 Juin |
| | 30 Juillet | 30 Juillet |
| | 3 Septembre | 4 Septembre |

CONCLUSION

Résultats économiques de la Culture

Excédent en faveur du Champ Témoin

OBSERVATIONS GÉNÉRALES : [illegible] ... dit du Pied ... [illegible]

REMARQUE : [illegible]

**Tableau 2**

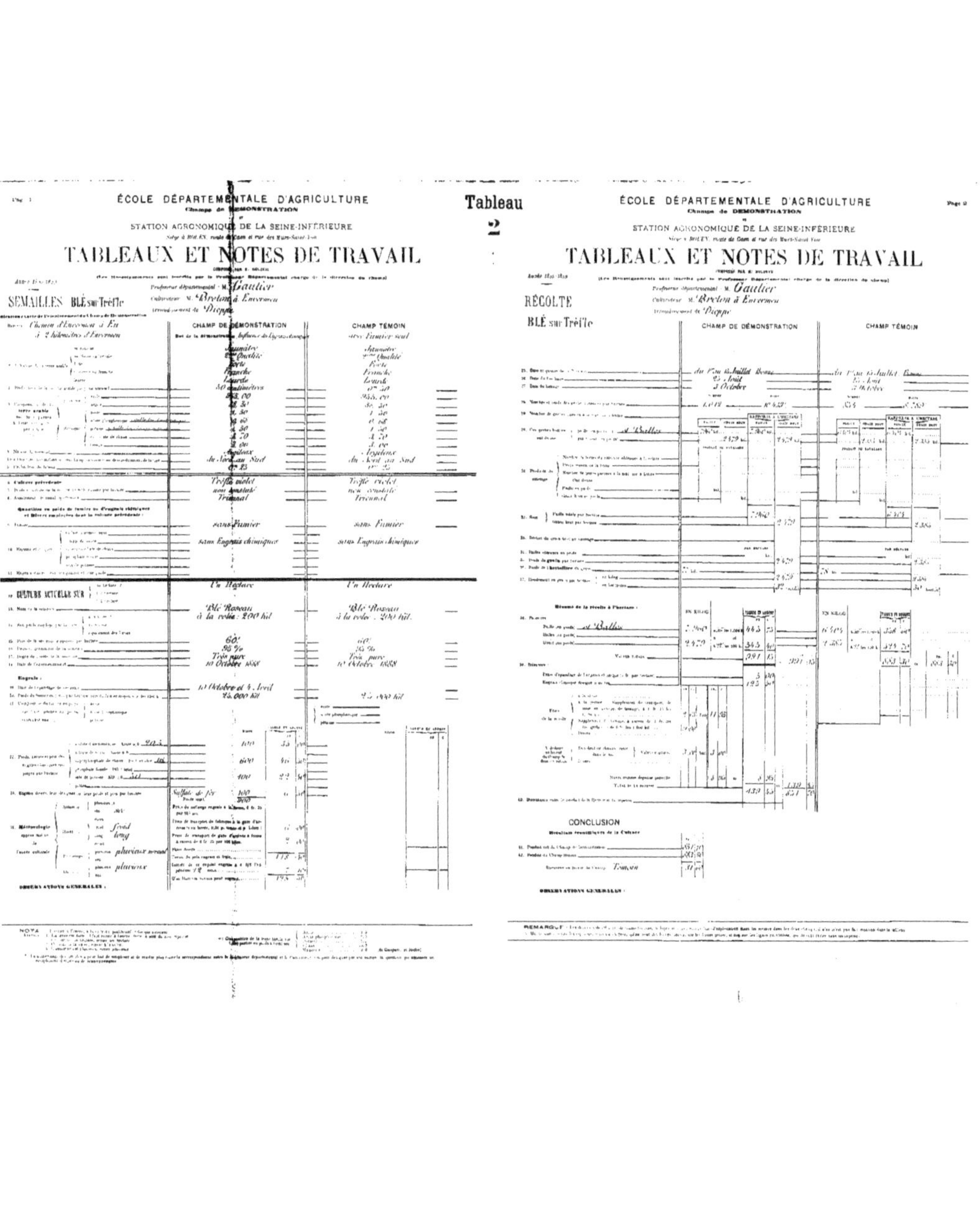

Page 1

ÉCOLE DÉPARTEMENTALE D'AGRICULTURE
Champ de DÉMONSTRATION
et
STATION AGRONOMIQUE DE LA SEINE-INFÉRIEURE

# TABLEAUX ET NOTES DE TRAVAIL

Professeur départemental : M. Gautier
Cultivateur : M. Breton à Envermeu
Arrondissement de Dieppe

SEMAILLES BLÉ sur Trèfle

Chemin d'Envermeu à Eu, à 2 kilomètres d'Envermeu

| | CHAMP DE DÉMONSTRATION | CHAMP TÉMOIN |
|---|---|---|
| But de la démonstration | Influence des Engrais chimiques | avec Fumier seul |
| | Jaunâtre | Jaunâtre |
| | 2ème Qualité | 2ème Qualité |
| | Forte | Forte |
| | Franche | Franche |
| | Lourde | Lourde |
| | 30 centimètres | 0m 30 |
| | 955, 00 | 955, 00 |
| | Trèfle violet | Trèfle violet |
| | non analysé | non analysé |
| | sans Fumier | sans Fumier |
| | sans Engrais chimiques | sans Engrais chimiques |
| CULTURE ACTUELLE SUR | Un Hectare | Un Hectare |
| | Blé Roseau à la volée : 200 kil. | Blé Roseau à la volée : 200 kil. |
| | 60 | 60 |
| | 95 % | 95 % |
| | Très pure | Très pure |
| | 10 Octobre 1888 | 10 Octobre 1888 |
| | 10 Octobre et 4 Avril | |
| | 25.000 kil | 25.000 kil |

Sulfate de fer

froid, long, pluvieux, pluvieux

OBSERVATIONS GÉNÉRALES :

NOTA

Page 2

ÉCOLE DÉPARTEMENTALE D'AGRICULTURE
Champ de DÉMONSTRATION
et
STATION AGRONOMIQUE DE LA SEINE-INFÉRIEURE

# TABLEAUX ET NOTES DE TRAVAIL

Professeur départemental : M. Gautier
Cultivateur : M. Breton à Envermeu
Arrondissement de Dieppe

RÉCOLTE

BLÉ sur Trèfle

| | CHAMP DE DÉMONSTRATION | CHAMP TÉMOIN |
|---|---|---|
| 25. | du 1er au 15 Juillet Bonne | du 1er au 15 Juillet Bonne |
| 26. | 25 Août | 25 Août |
| 27. | 3 Octobre | 3 Octobre |

CONCLUSION

OBSERVATIONS GÉNÉRALES :

REMARQUE

**Tableau 3**

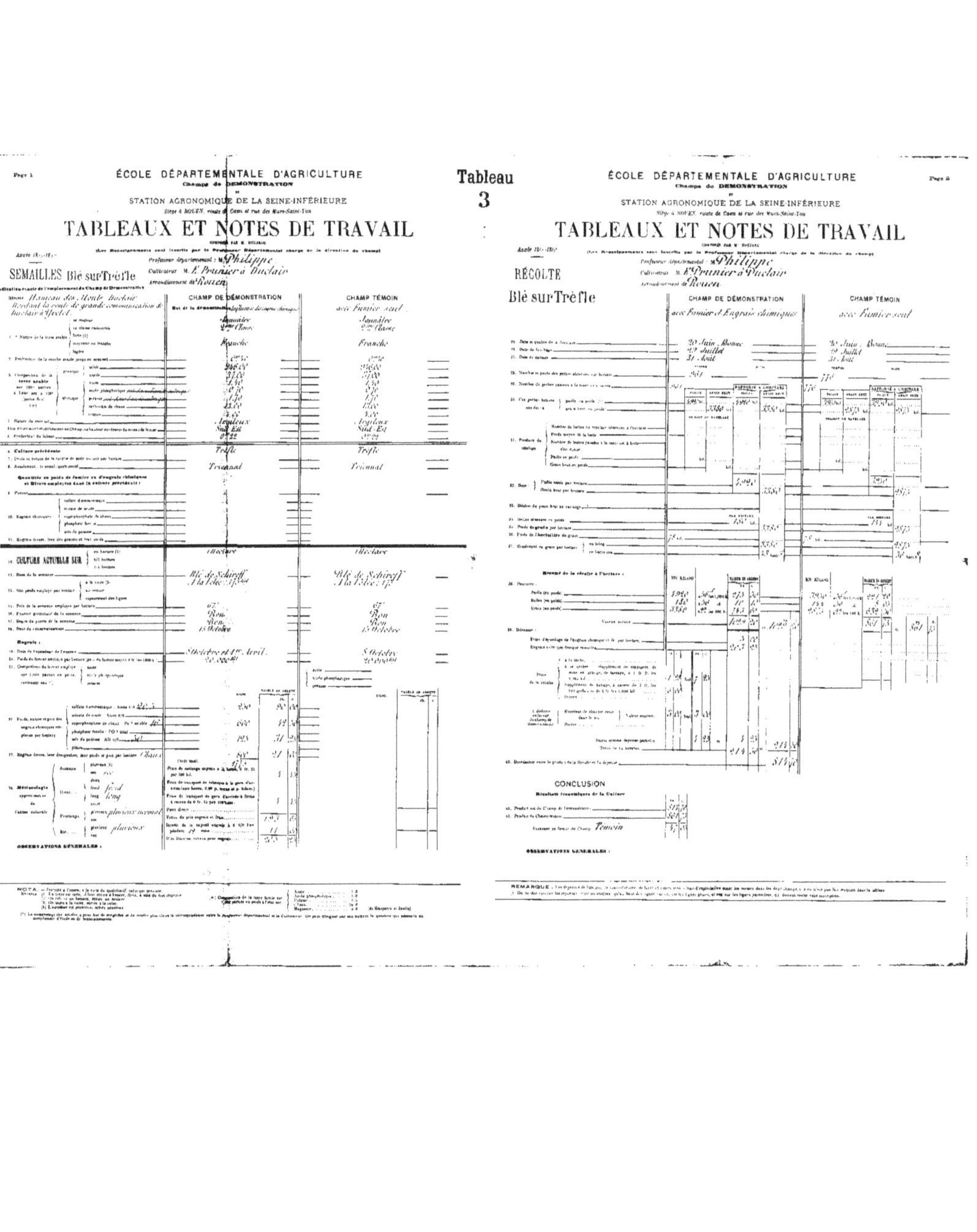

Page 1

ÉCOLE DÉPARTEMENTALE D'AGRICULTURE
Champ de DÉMONSTRATION
et
STATION AGRONOMIQUE DE LA SEINE-INFÉRIEURE
Siège à ROUEN, route de Caen et rue des Murs-Saint-Yon

# TABLEAUX ET NOTES DE TRAVAIL

Professeur départemental : M. Philippe
Cultivateur : M. E. Prunier à Duclair
Arrondissement de Rouen

SEMAILLES Blé sur Trèfle

Hameau des Monts Duclair bordant la route de grande communication de Duclair à Yvetot.

| | CHAMP DE DÉMONSTRATION | CHAMP TÉMOIN |
|---|---|---|
| But de la démonstration | Influence des engrais chimiques | avec Fumier seul |
| Nature de la terre arable | Jaunâtre 2ème Classe | Jaunâtre 2ème Classe |
| | Franche | Franche |
| Nature du sous-sol | Argileux | Argileux |
| Exposition | Sud-Est | Sud-Est |
| Culture précédente | Trèfle | Trèfle |
| Assolement | Triennal | Triennal |
| Culture actuelle sur | 1 hectare | 1 hectare |
| Nom de la semence | Blé de Schireff à la volée | Blé de Schireff à la volée |
| Poids de la semence | 67 | 67 |
| Pouvoir germinatif | Bon | Bon |
| Degré de pureté | Bon | Bon |
| Date des ensemencements | 15 Octobre | 15 Octobre |
| Date de l'épandage de l'engrais | 5 Octobre et 1er Avril | 5 Octobre |

Plantes : plusieurs ; Pluies : plusieurs

OBSERVATIONS GÉNÉRALES :

Page 2

ÉCOLE DÉPARTEMENTALE D'AGRICULTURE
Champ de DÉMONSTRATION
et
STATION AGRONOMIQUE DE LA SEINE-INFÉRIEURE
Siège à ROUEN, route de Caen et rue des Murs-Saint-Yon

# TABLEAUX ET NOTES DE TRAVAIL

Professeur départemental : M. Philippe
Cultivateur : M. E. Prunier à Duclair
Arrondissement de Rouen

RÉCOLTE

Blé sur Trèfle

| | CHAMP DE DÉMONSTRATION avec Fumier et Engrais chimiques | CHAMP TÉMOIN avec Fumier seul |
|---|---|---|
| Date et qualité de la floraison | 20 Juin - Bonne | 20 Juin - Bonne |
| Date de la fauchage | 22 Juillet | 22 Juillet |
| Date du battage | 31 Août | 31 Août |
| Nombre de gerbes | 961 | 770 |

CONCLUSION

Résultats financiers de la Culture

Excédent en faveur du Champ Témoin

OBSERVATIONS GÉNÉRALES :

REMARQUE.

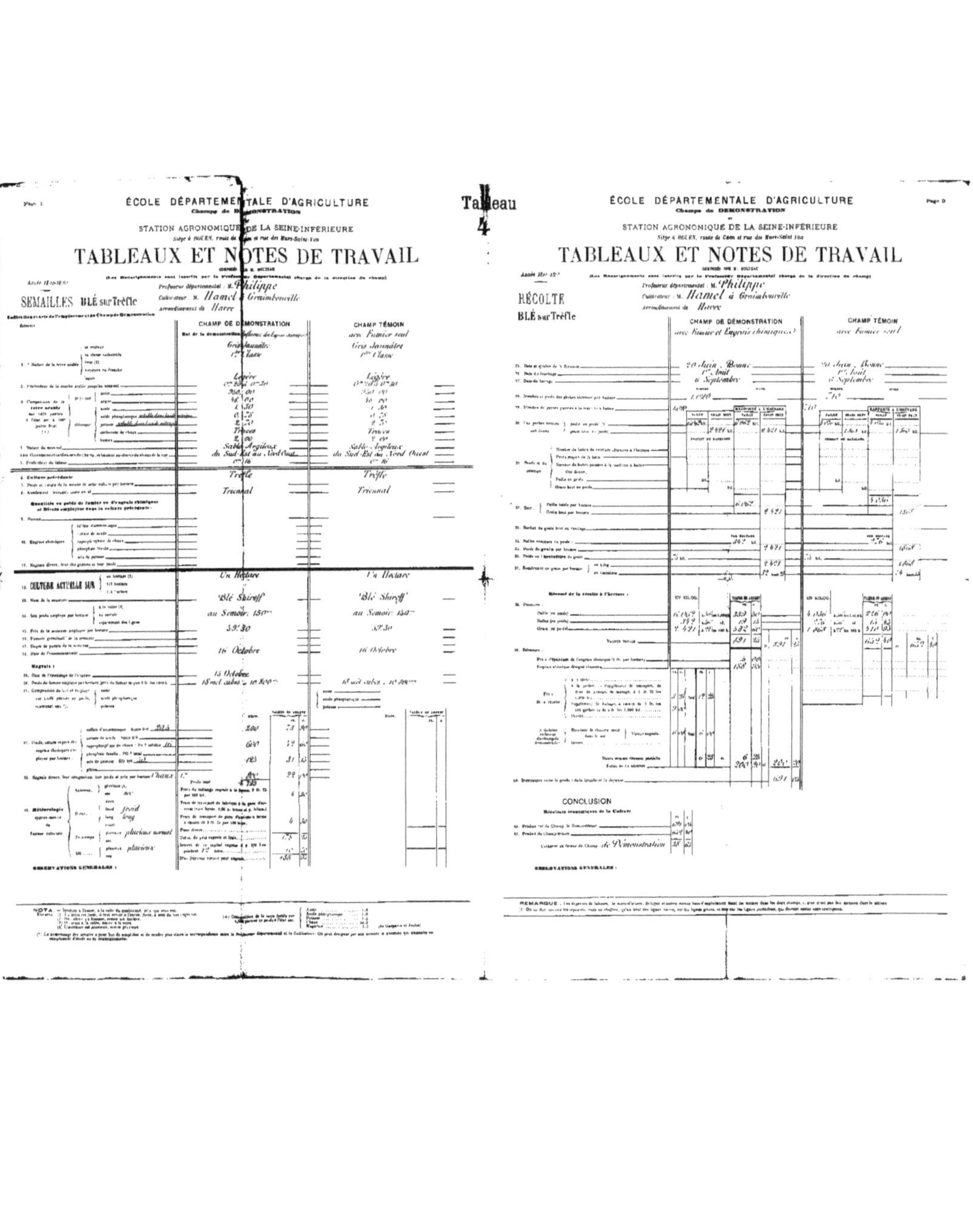

Tableau 4

Page 1

ÉCOLE DÉPARTEMENTALE D'AGRICULTURE

Champs de DÉMONSTRATION

STATION AGRONOMIQUE DE LA SEINE-INFÉRIEURE

Siège à ROUEN, route de Caen et rue des Murs-Saint-Yon

# TABLEAUX ET NOTES DE TRAVAIL

Professeur départemental : M. Philippe

Cultivateur : M. Hamel à Graimbouville

Arrondissement du Havre

## SEMAILLES BLÉ sur Trèfle

| | CHAMP DE DÉMONSTRATION | CHAMP TÉMOIN |
|---|---|---|
| | avec Fumier seul |
| 1. Nature de la terre arable | Gris Jaunâtre 1re Classe | Gris Jaunâtre 1re Classe |
| | Légère | Légère |
| 2. Profondeur de la couche arable | 0m 20 à 0m 30 | 0m 20 à 0m 30 |
| 3. Composition de la terre arable | 930 00 | 930 00 |
| | 46 00 | 46 00 |
| | 1 30 | 1 30 |
| | 0 78 | 0 78 |
| | 2 70 | 2 70 |
| | Traces | Traces |
| | 2 00 | 2 00 |
| 4. Nature du sous-sol | Sable Argileux | Sable Argileux |
| | du Sud-Est au Nord-Ouest | du Sud-Est au Nord-Ouest |
| 5. Profondeur du labour | 0m 16 | 0m 16 |
| 6. Culture précédente | Trèfle | Trèfle |
| 8. Assolement | Triennal | Triennal |
| 12. CULTURE ACTUELLE SUR | Un Hectare | Un Hectare |
| 13. Nom de la semence | 'Blé Shireff' | 'Blé Shireff' |
| 14. Son poids employé par hectare | au Semoir : 150 | au Semoir : 150 |
| 15. Prix de la semence employée par hectare | 39f 30 | 39f 30 |
| 18. Date de l'ensemencement | 16 Octobre | 16 Octobre |
| Engrais : Date | 15 Octobre | |
| | 18 mètres cubes = 10 800 | 18 mètres cubes = 10 800 |
| 17. Poids, nature et prix des engrais chimiques | 200 / 600 / 125 | |
| Engrais divers | Chaux | |
| Météorologie | froid / long / pluvieux normal / pluvieux | |

OBSERVATIONS GÉNÉRALES :

NOTA

Page 2

ÉCOLE DÉPARTEMENTALE D'AGRICULTURE

Champs de DÉMONSTRATION

STATION AGRONOMIQUE DE LA SEINE-INFÉRIEURE

Siège à ROUEN, route de Caen et rue des Murs-Saint-Yon

# TABLEAUX ET NOTES DE TRAVAIL

Professeur départemental : M. Philippe

Cultivateur : M. Hamel à Graimbouville

Arrondissement du Havre

## RÉCOLTE BLÉ sur Trèfle

| | CHAMP DE DÉMONSTRATION | CHAMP TÉMOIN |
|---|---|---|
| | avec Fumier et Engrais chimiques | avec Fumier seul |
| 21. Date et qualité de la Récolte | 20 Juin . Bonne | 20 Juin . Bonne |
| 22. Date du fauchage | 1er Août | 1er Août |
| 23. Date du battage | 6 Septembre | 6 Septembre |
| 24. Nombre et poids des gerbes | 1020 | 710 |
| 32. Paille totale par hectare | 6062 | 4030 |
| Grain brut par hectare | 2421 | 1868 |
| 34. Paille nouée en poids | 367 | 276 |
| 35. Poids du grain par hectare | 2421 | 1868 |
| 36. Poids de l'hectolitre du grain | 75 | 75 |
| 37. Rendement en grain par hectare, en kilog | 2421 | 1868 |
| en hectolitres | 32 | 24 |
| 38. Produits : Paille | 6062 | 4030 |
| Balles | 367 | 276 |
| Grain | 2421 | 1868 |
| Valeur totale | 591 | 652 |
| Excédent | 200 | |

CONCLUSION

OBSERVATIONS GÉNÉRALES :

REMARQUE

Tableau 5

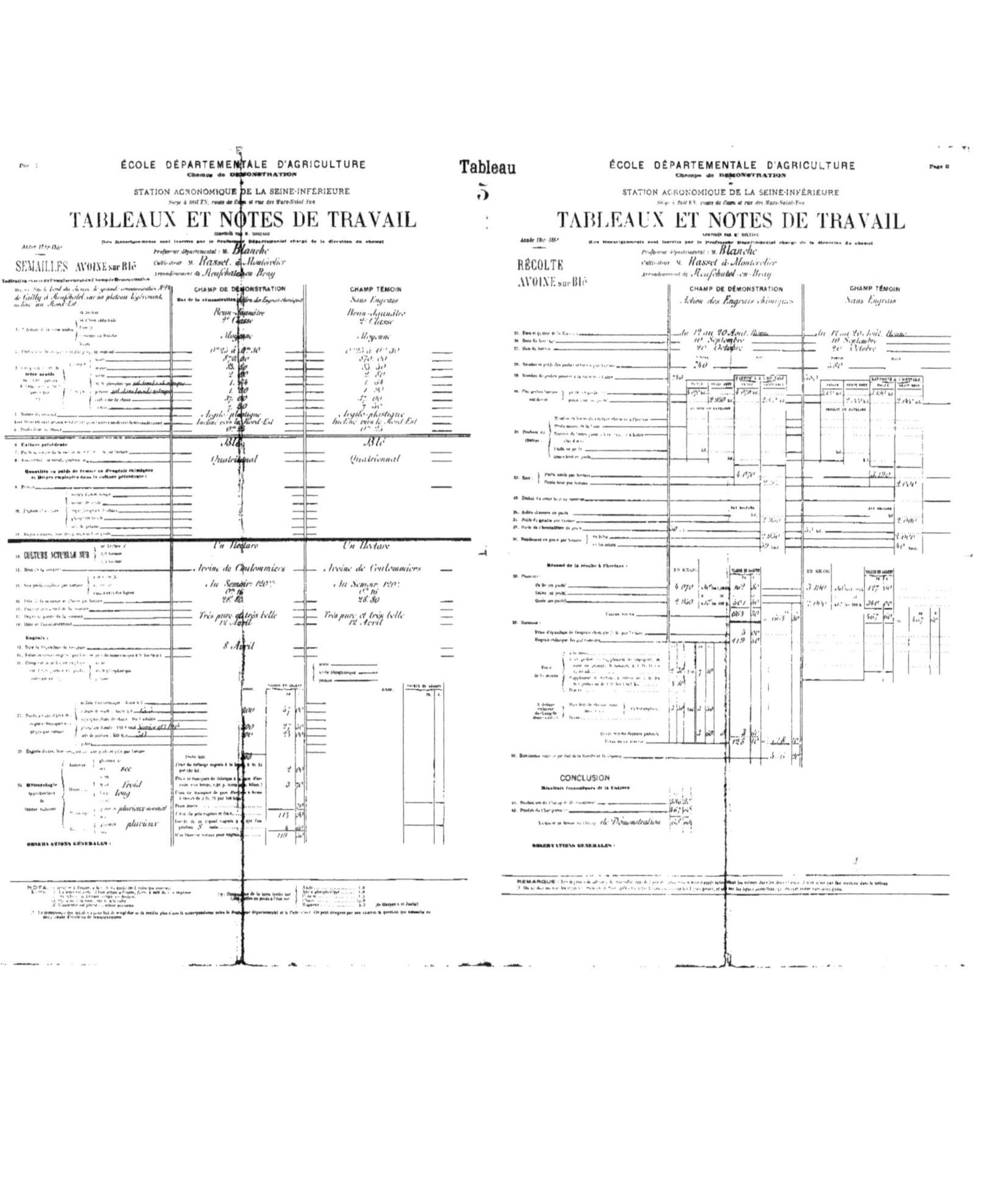

ÉCOLE DÉPARTEMENTALE D'AGRICULTURE
Champs de DÉMONSTRATION

STATION AGRONOMIQUE DE LA SEINE-INFÉRIEURE

# TABLEAUX ET NOTES DE TRAVAIL

Professeur départemental : M. Blanche
Cultivateur M. Rasset, à Montérolier
Arrondissement de Neufchatel-en-Bray

## SEMAILLES AVOINE sur Blé

Sur le bord du chemin de grande communication N° .. de Cailly à Neufchatel sur un plateau légèrement incliné au Nord-Est

| | CHAMP DE DÉMONSTRATION | CHAMP TÉMOIN |
|---|---|---|
| But de la démonstration | Action des Engrais chimiques | Sans Engrais |
| Nature de la terre arable | Brun-Jaunâtre, 2e Classe | Brun-Jaunâtre, 2e Classe |
| | Moyenne | Moyenne |
| Profondeur | 0m25 à 0m30 | 0m25 à 0m30 |
| Composition de la terre arable | 870.00 | 870.00 |
| | 83.50 | 83.50 |
| | 2.80 | 2.80 |
| | 1.64 | 1.64 |
| | 1.90 | 1.90 |
| | 37.00 | 37.00 |
| | 7.30 | 7.30 |
| Nature du sous-sol | Argilo-plastique | Argilo-plastique |
| | Incliné vers le Nord-Est | Incliné vers le Nord-Est |
| | 0m25 | 0m25 |
| Culture précédente | Blé | Blé |
| Assolement | Quatriennal | Quatriennal |
| CULTURE ACTUELLE SUR | Un Hectare | Un Hectare |
| Nom de la semence | Avoine de Coulommiers | Avoine de Coulommiers |
| Son poids employé par hectare | Au Semoir 120 l. | Au Semoir 120 l. |
| | 0m16 | 0m16 |
| Prix de la semence | 28f80 | 28f80 |
| Degré de pureté de la semence | Très pure et très belle | Très pure et très belle |
| Date de l'ensemencement | 12 Avril | 12 Avril |
| Engrais : Date de l'épandage | 8 Avril | |

| Engrais | Kilos | Valeur en argent fr. | c. |
|---|---|---|---|
| | 200 | 57 | 00 |
| | 300 | 27 | 50 |
| | 200 | 23 | 00 |
| | | 2 | 00 |
| | | 3 | 70 |
| | | | 24 |
| | | 113 | 24 |
| | | 6 | 00 |
| | | 119 | 24 |

Météorologie appréciation de l'année culturale : Automne : sec ; Hiver : froid, long ; Printemps : pluvieux normal ; Été : pluvieux

OBSERVATIONS GÉNÉRALES :

## RÉCOLTE AVOINE sur Blé

ÉCOLE DÉPARTEMENTALE D'AGRICULTURE
Champs de DÉMONSTRATION

STATION AGRONOMIQUE DE LA SEINE-INFÉRIEURE

# TABLEAUX ET NOTES DE TRAVAIL

Professeur départemental : M. Blanche
Cultivateur M. Rasset à Montérolier
Arrondissement de Neufchatel-en-Bray

| | CHAMP DE DÉMONSTRATION | CHAMP TÉMOIN |
|---|---|---|
| | Action des Engrais chimiques | Sans Engrais |
| Date et quantité de la fauchaison | du 12 au 20 Août. Beau | du 12 au 20 Août. Beau |
| Date du battage | 10 Septembre | 10 Septembre |
| Date du battage | 20 Octobre | 20 Octobre |
| Nombre et poids des gerbes | 240 | 230 |
| Paille | 4.070 k. | 3.190 k. |
| Grain | 2.950 | 2.090 |
| Rendement en grain par hectare | 2.950 / 59 hect. | 2.090 / 40 hect. |

Résumé de la récolte à l'hectare :

| | Champ de démonstration en kilos | Valeur en argent | Champ témoin en kilos | Valeur en argent |
|---|---|---|---|---|
| Paille | 4.070 | 102 50 | 3.190 | 127 50 |
| Grain | 2.950 | 561 00 | 2.090 | 240 00 |
| Valeur totale | | 663 50 | | 367 50 |
| Frais d'épandage | | 5 00 | | |
| | | 119 00 | | |

## CONCLUSION

Résultats économiques de la Culture

Excédent en faveur du Champ de Démonstration

OBSERVATIONS GÉNÉRALES :

REMARQUE :

**Tableau 6**



# ÉCOLE DÉPARTEMENTALE D'AGRICULTURE

Champs de DÉMONSTRATION

STATION AGRONOMIQUE DE LA SEINE-INFÉRIEURE

Siège à ROUEN, route de Caen et rue des Murs-Saint-Yon

## TABLEAUX ET NOTES DE TRAVAIL

Professeur départemental : M. Houzeau

Cultivateur : M. Lefebvre, à Grand-Quevilly

Arrondissement de Rouen

### SEMAILLES AVOINE sur Navets

Indication exacte de l'emplacement du Champ de Démonstration

Triège du Chêne à Mesu

| | CHAMP DE DÉMONSTRATION | CHAMP TÉMOIN |
|---|---|---|
| But de la démonstration | Influence des Engrais chimiques | avec Fumier seul |
| 1. Nature de la terre arable | Gris-Jaunâtre | Gris-Jaunâtre |
| | Légère | Légère |
| 2. Profondeur de la couche arable | 0m 20 | 0m 20 |
| 3. Composition de la terre arable | 270. 00 | 270. 00 |
| | 23. 75 | 23. 75 |
| | 1. 05 | 1. 05 |
| | 0. 57 | 0. 57 |
| | 0. 70 | 0. 70 |
| | 1. 25 | 1. 25 |
| | 3. 00 | 3. 00 |
| 4. Nature du sous-sol | Sablonneux | Sablonneux |
| | Plat 20 mètres | Plat 20 mètres |
| 5. Profondeur du labour | 0m 15 | 0m 15 |
| 6. Culture précédente | Navets | Navets |
| 8. Assolement | Triennal | Triennal |
| 9. Fumier | Sans Fumier | Sans Fumier |
| 10. Engrais chimiques | ni Engrais chimiques | ni Engrais chimiques |
| 12. CULTURE ACTUELLE SUR | 1/2 Hectare | 30 Ares |
| 13. Nom de la variété | Avoine blanche de Flandre | Avoine blanche de Flandre |
| 14. Semence employée par hectare | Au Semoir 150 k | Au Semoir 150 k |
| 15. Prix de la semence | 27 f | 27 f |
| 18. Date de l'ensemencement | 14 Mars | 14 Mars |

Engrais :

| | CHAMP DE DÉMONSTRATION | | CHAMP TÉMOIN |
|---|---|---|---|
| 19. Date de l'épandage de l'engrais | [illegible] | | |
| 20. Poids de fumier | 21 600 k | | 21 000 k |
| 21. Composition — azote | 5.0 | | 5.0 |
| acide phosphorique | 3.8 | | 3.8 |
| potasse | 3.0 | | 3.0 |

| 22. Engrais | Poids | Valeur en argent |
|---|---|---|
| sulfate d'ammoniaque | 200 | 70 00 |
| phosphate | 600 | 30 00 |
| | 100 | 22 00 |
| | 400 | 12 50 |
| Poids total | 1300 | |
| Frais de transport | | 3 25 |
| | | 3 25 |
| Total | | 135 |
| Intérêts du capital engagé à 6 0/0 pendant 5 mois | | 3 00 |
| Prix des engrais par hectare | | 140 |

24. Météorologie approximative de l'année : Froid — long — pluvieux normal — Assez pluvieux

OBSERVATIONS GÉNÉRALES :

NOTA. [illegible]



# ÉCOLE DÉPARTEMENTALE D'AGRICULTURE

Champs de DÉMONSTRATION

STATION AGRONOMIQUE DE LA SEINE-INFÉRIEURE

Siège à ROUEN, route de Caen et rue des Murs-Saint-Yon

## TABLEAUX ET NOTES DE TRAVAIL

Professeur départemental : M. Houzeau

Cultivateur : M. Lefebvre à Grand-Quevilly

Arrondissement de Rouen

### RÉCOLTE AVOINE sur Navets

| | CHAMP DE DÉMONSTRATION | CHAMP TÉMOIN |
|---|---|---|
| | Influence des Engrais chimiques sur l'Avoine | avec Fumier seul |
| 25. Date et qualité de la levée | 10 Juin Bonne | 10 Juin Bonne |
| 26. Date | 27 Juillet | 27 Juillet |
| 27. Date | 14 Août | 14 Août |
| 30. Paille | 1765 kil. — 3530 kil. | 1225 kil. — 2450 kil. |
| Grain | 808 kil. — 1616 kil. | 297 kil. — 594 kil. |
| 32. Paille totale par hectare | 3.530 | 2.450 |
| Grain par hectare | 1616 | 594 |
| 33. | 12 | 12 |
| 34. Balles par hectare | 250 kil. | 150 kil. |
| 35. Poids de grain | 1597 | 978 |
| 36. Poids de l'hectolitre | 52 kil. | 52 kil. |
| 37. Rendement | 1597 — 35 hect. | 978 — 23 hect. |

Résumé de la récolte à l'hectare :

| 38. Produits | Démonstration en kilog. | | Valeur en argent | Témoin en kilog. | | Valeur en argent |
|---|---|---|---|---|---|---|
| Paille | 3.530 | | 141 20 | 2.450 | | 80 [illegible] |
| Balles | 250 | | 10 00 | 150 | | 6 [illegible] |
| Grain | 1.597 | à 17 f les 100 k | 271 50 | 978 | à 17 f les 100 k | 166 25 |
| Valeur totale | | | 422 70 | | | 252 90 |

| 39. Dépenses | |
|---|---|
| | 146 10 |
| Frais de la récolte | 2 65 — 16 30 — 13 40 |
| | 14 00 — 14 00 |
| | 2 20 |
| Total | 153 30 |
| 40. | 269 40 |

CONCLUSION

Résultats économiques de la Culture

| | |
|---|---|
| 41. Produit net du Champ de Démonstration | 269 40 |
| 42. Produit net du Champ témoin | 252 90 |
| Excédent en faveur du Champ de Démonstration | 16 50 |

OBSERVATIONS GÉNÉRALES : Les Fumiers du Champ de Démonstration comme ceux du Champ Témoin ayant été phosphatés et arrosés de matières fécales de la maison du Refuge, les différences de rendement sont fortement diminuées par ce fait. Pas de verse dans aucun champ.

REMARQUE : [illegible]

Tableau

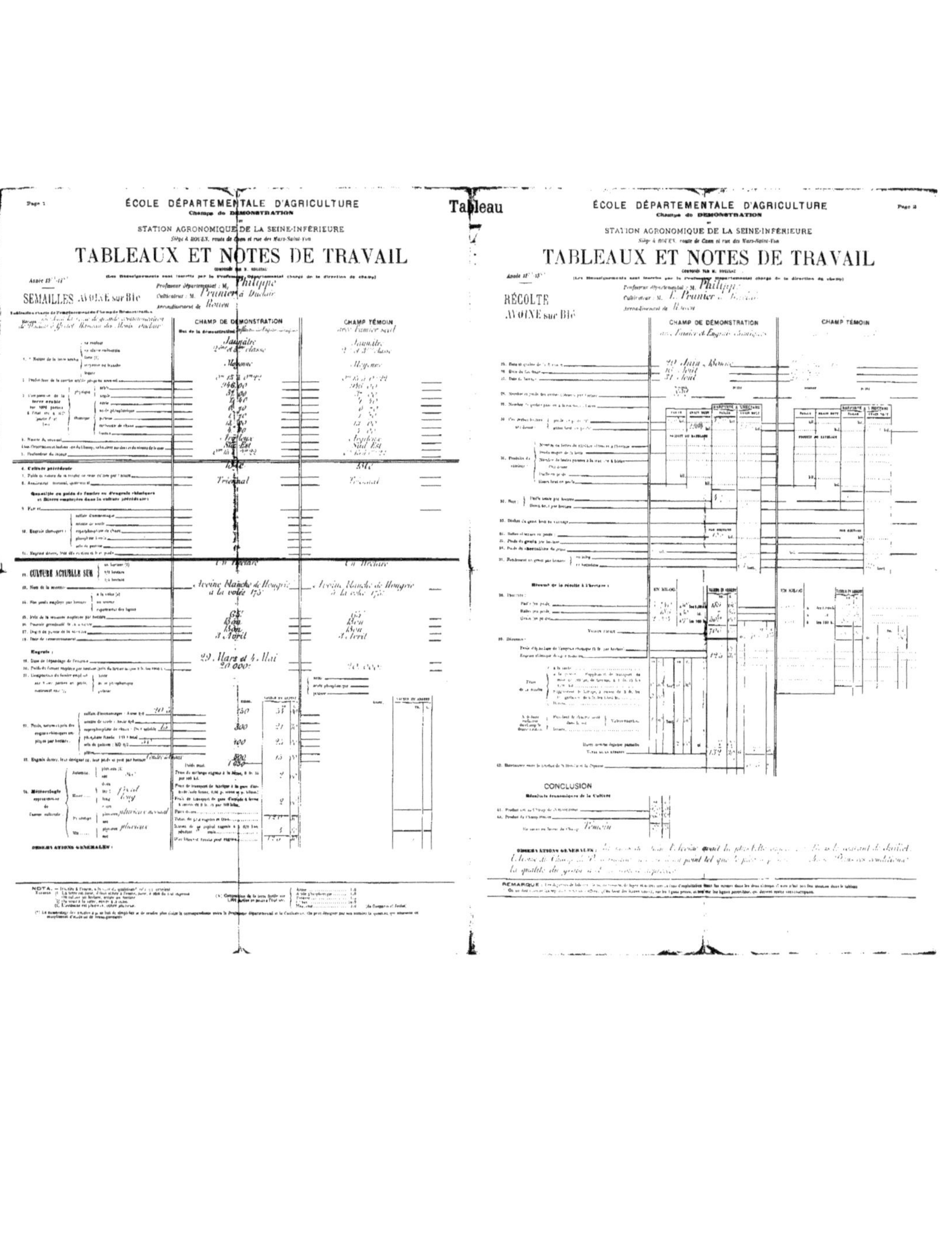

Page 1

ÉCOLE DÉPARTEMENTALE D'AGRICULTURE
Champ de DÉMONSTRATION
et
STATION AGRONOMIQUE DE LA SEINE-INFÉRIEURE
Siège à ROUEN, route de Caen et rue des Murs-Saint-Yon

# TABLEAUX ET NOTES DE TRAVAIL

(Les Renseignements sont inscrits par le Professeur Départemental chargé de la direction du champ)

Professeur Départemental : M. Philippe
Cultivateur : M. Prunier à Duclair
Arrondissement de Rouen

SEMAILLES AVOINE sur Blé

| | CHAMP DE DÉMONSTRATION | CHAMP TÉMOIN |
|---|---|---|
| 1. Nature de la terre arable | Jaunâtre 2ème et 3ème classe | Jaunâtre 2ème et 3ème classe |
| | Moyenne | Moyenne |
| 2. Profondeur de la couche arable | 0m 15 à 0m 22 | 0m 15 à 0m 22 |
| 3. Composition de la terre arable pour 1000 parties | 946,00 | 946,00 |
| | 31,00 | |
| 4. Nature du sous-sol | Argileux | Argileux |
| | Sud Est | Sud Est |
| Culture précédente | Blé | Blé |
| Assolement | Triennal | Triennal |
| Culture actuelle sur | Un hectare | Un hectare |
| Nom de la semence | Avoine blanche de Hongrie à la volée 175 | Avoine blanche de Hongrie à la volée 175 |
| | 65 | 65 |
| | Bon | Bon |
| | Bon | Bon |
| | 3 Avril | 3 Avril |
| Date de l'épandage de l'engrais | 29 Mars et 4 Mai | |
| Poids de fumier | 20.000 | 20.000 |

| Engrais | Kilos |
|---|---|
| | 150 |
| | 300 |
| | 400 |
| | 500 |
| | 1.050 |

Météorologie : froid, long ; plusieurs nivaux ; pluvieux

OBSERVATIONS GÉNÉRALES :

Page 2

ÉCOLE DÉPARTEMENTALE D'AGRICULTURE
Champ de DÉMONSTRATION
et
STATION AGRONOMIQUE DE LA SEINE-INFÉRIEURE
Siège à ROUEN, route de Caen et rue des Murs-Saint-Yon

# TABLEAUX ET NOTES DE TRAVAIL

(Les Renseignements sont inscrits par le Professeur Départemental chargé de la direction du champ)

Professeur départemental : M. Philippe
Cultivateur : M. L. Prunier
Arrondissement de Rouen

RÉCOLTE AVOINE sur Blé

| | CHAMP DE DÉMONSTRATION avec Fumier et Engrais chimiques | CHAMP TÉMOIN |
|---|---|---|
| 25. Date et qualité de la floraison | 20 Juin. Bonne | |
| 26. Date de l'échaumage | 16 Août | |
| 27. Date de la rentrée | 31 Août | |

CONCLUSION

Résultats économiques de la Culture

Témoin

OBSERVATIONS GÉNÉRALES :

REMARQUE :

Tableau 8

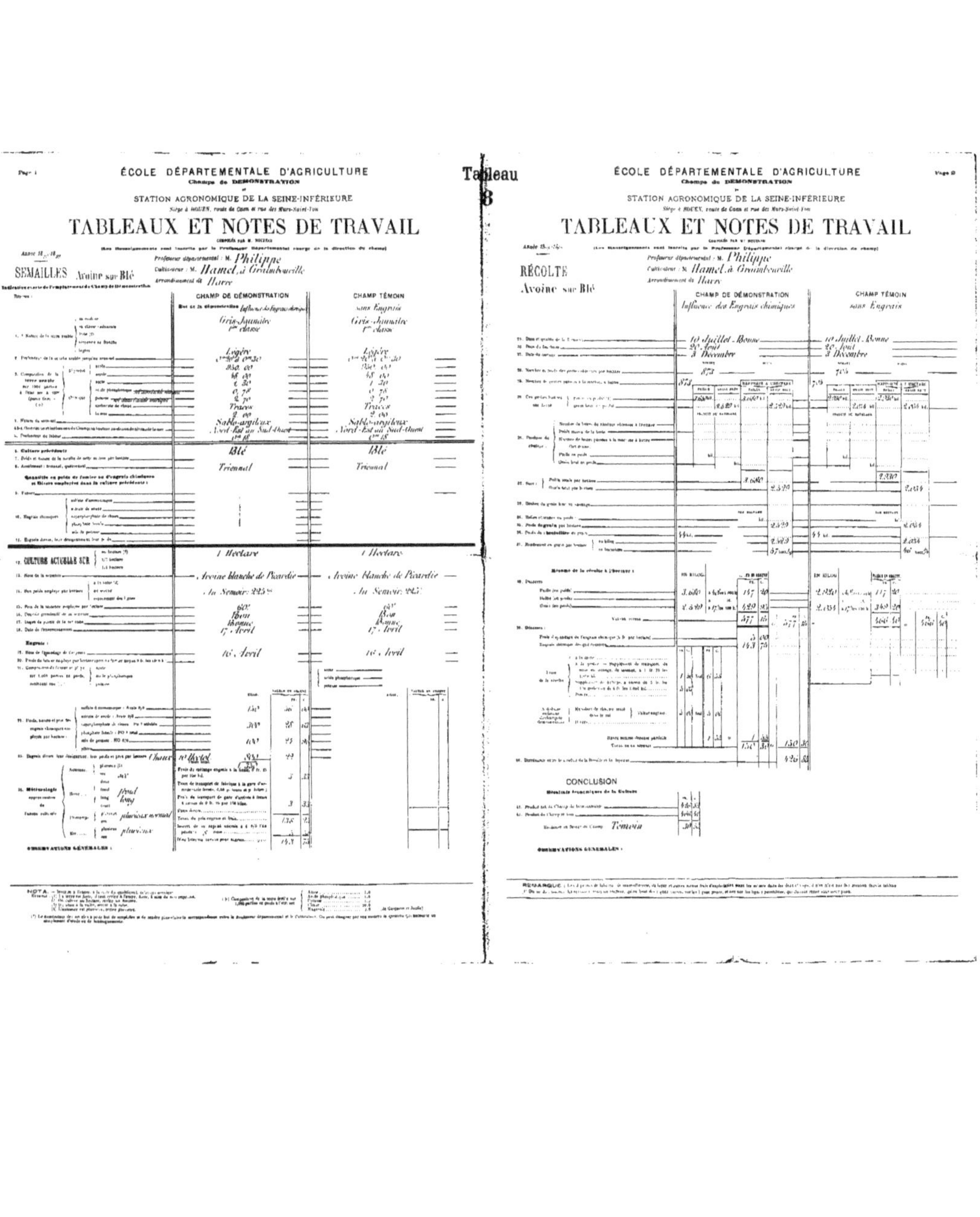

Page 1

ÉCOLE DÉPARTEMENTALE D'AGRICULTURE
Champs de DÉMONSTRATION
et
STATION AGRONOMIQUE DE LA SEINE-INFÉRIEURE
Siège à ROUEN, route de Caen et rue des Murs-Saint-Yon

# TABLEAUX ET NOTES DE TRAVAIL

Professeur départemental : M. *Philippe*
Cultivateur : M. *Hamel, à Graimbouville*
Arrondissement du *Havre*

## SEMAILLES Avoine sur Blé

| | CHAMP DE DÉMONSTRATION | CHAMP TÉMOIN |
|---|---|---|
| But de la démonstration | *Influence des Engrais chimiques* | *sans Engrais* |
| 1. Nature de la terre arable | *Gris-Jaunâtre 1re classe* | *Gris-Jaunâtre 1re classe* |
| | *Légère* | *Légère* |
| 2. Profondeur de la couche arable | *0m20 à 0m30* | *0m20 à 0m30* |
| 3. Composition de la terre arable sur 1000 parties | *950. 00* | *950. 00* |
| | *48. 00* | *48. 00* |
| | *1. 30* | *1. 30* |
| | *0. 78* | *0. 78* |
| | *2. 70* | *2. 70* |
| | *Traces* | *Traces* |
| | *2. 00* | *2. 00* |
| 4. Nature du sous-sol | *Sable-argileux* | *Sable-argileux* |
| Orientation | *Nord-Est au Sud-Ouest* | *Nord-Est au Sud-Ouest* |
| 5. Profondeur du labour | *0m18* | *0m18* |
| 6. Culture précédente | *Blé* | *Blé* |
| 8. Assolement : triennal, quadriennal | *Triennal* | *Triennal* |
| 12. CULTURE ACTUELLE SUR | *1 Hectare* | *1 Hectare* |
| 13. Nom de la semence | *Avoine blanche de Picardie* | *Avoine blanche de Picardie* |
| 14. Son poids employé par hectare | *Au Semoir: 225k* | *Au Semoir: 225k* |
| 15. Prix de la semence employée par hectare | *60f* | *60f* |
| 16. Pouvoir germinatif de la semence | *Bon* | *Bon* |
| 17. Degré de pureté | *Bonne* | *Bonne* |
| 18. Date de l'ensemencement | *17 Avril* | *17 Avril* |
| Engrais : 19. Date de l'épandage | *16 Avril* | *16 Avril* |

22. Poids, nature et prix des engrais chimiques employés par hectare :

| | Kilog. | Fr. | C. |
|---|---|---|---|
| | *150* | *30* | [illegible] |
| | *300* | *28* | [illegible] |
| | *100* | *25* | [illegible] |
| Engrais divers : *Chaux 10 Hectol.* | *850* | *22* | |
| Frais de mélange | | *3* | *22* |
| Frais de transport de gare d'arrivée à ferme | | *3* | *33* |
| Total du prix engrais et frais | | *138* | [illegible] |
| Intérêt | | *5* | [illegible] |
| Prix total | | *143* | *75* |

24. Météorologie : *20°* ; *froid long* ; *pluvieux normal* ; *pluvieux*

OBSERVATIONS GÉNÉRALES :

NOTA.

Page 2

ÉCOLE DÉPARTEMENTALE D'AGRICULTURE
Champs de DÉMONSTRATION
et
STATION AGRONOMIQUE DE LA SEINE-INFÉRIEURE
Siège à ROUEN, route de Caen et rue des Murs-Saint-Yon

# TABLEAUX ET NOTES DE TRAVAIL

Professeur départemental : M. *Philippe*
Cultivateur : M. *Hamel, à Graimbouville*
Arrondissement du *Havre*

## RÉCOLTE Avoine sur Blé

| | CHAMP DE DÉMONSTRATION | CHAMP TÉMOIN |
|---|---|---|
| | *Influence des Engrais chimiques* | *sans Engrais* |
| Date et qualité de la récolte | *10 Juillet. Bonne* | *10 Juillet. Bonne* |
| Date du battage | *20 Août* | *20 Août* |
| Date du vannage | *3 Décembre* | *3 Décembre* |
| Nombre de gerbes par hectare | *873* | *705* |
| Paille totale par hectare | *3.680* | *2.330* |
| Grain total par hectare | *2.529* | *2.034* |
| Poids du grain par hectare | *2.529* | *2.034* |
| Poids de l'hectolitre | *44 k.* | *44 k.* |
| Rendement en grain par hectare : en kilog | *2.529* | *2.034* |
| en hectolitres | *57* | *46* |

Résumé de la récolte à l'hectare :

| 40. Produits | Champ de démonstration (kilog.) | Fr. | C. | Champ témoin (kilog.) | Fr. | C. |
|---|---|---|---|---|---|---|
| Paille | *3.680* | *147* | *20* | *2.330* | *117* | *20* |
| Grain | *2.529* | *429* | *93* | *2.034* | *349* | *20* |
| Valeur totale | | *577* | *13* | | *466* | *40* |
| 50. Dépenses : Engrais chimiques | | *143* | *75* | | | |
| Total | | *150* | *30* | | | |
| Différence entre le produit de la Récolte et les dépenses | | *426* | *83* | | | |

### CONCLUSION

Résultats économiques de la Culture

| | Fr. | C. |
|---|---|---|
| 41. Produit net du Champ de démonstration | *426* | *83* |
| 42. Produit du Champ témoin | *466* | *40* |
| Excédent en faveur du Champ *Témoin* | *39* | *57* |

OBSERVATIONS GÉNÉRALES :

REMARQUE.

www.ingramcontent.com/pod-product-compliance
Lightning Source LLC
LaVergne TN
LVHW021717230826
846091LV00006BA/2455

* 9 7 8 2 3 2 9 6 6 3 7 1 5 *